AF232500

DE LA FIXITÉ

DES

LOIS DE LA VIE

DISCOURS D'OUVERTURE

DU

COURS DE CLINIQUE MÉDICALE

PAR

M. C. SCHÜTZENBERGER

PROFESSEUR DE LA FACULTÉ DE MÉDECINE DE STRASBOURG.

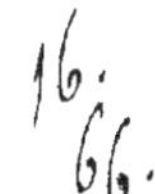

STRASBOURG

TYPOGRAPHIE DE G. SILBERMANN, PLACE SAINT-THOMAS, 3.

1866.

DE LA FIXITÉ

DES

LOIS DE LA VIE.

Messieurs,

Depuis longtemps déjà il est dans nos habitudes de consacrer la première de nos leçons cliniques à l'élucidation d'une question de principe. Mon but, en suivant cette habitude traditionnelle, n'est pas de faire un discours quand même.

Je suis, vous le savez, plus praticien que rhéteur; mais il m'a toujours semblé, et il me paraît encore aujourd'hui utile et nécessaire de faire apprécier, dès le début de nos travaux communs, l'esprit général de notre enseignement, et la direction que je compte imprimer à vos études.

Beaucoup d'entre vous savent ce que je suis et connaissent mes tendances scientifiques et pratiques. Je les ai, du reste, souvent exposées[1]. Ceux qui déjà ont suivi notre clinique, ont pu les apprécier à l'œuvre. Depuis vingt ans que je professe dans cette enceinte, j'ai toujours combattu sous le même drapeau, non pour faire triompher tel ou tel dogme, telle ou telle théorie, encore moins pour imposer d'autorité une doctrine ou un système personnel, mais bien en faveur *d'une méthode.* — Aujourd'hui, comme jadis, mon *credo* se résume dans ma foi en l'excellence de la méthode expérimentale. Je la considère comme la seule voie du progrès scientifique et pratique réel, régulier et sûr. Elle seule fera progressivement de la biologie une vraie science, une

---

[1] *Du but et de l'esprit des travaux cliniques,* 1845. — *De la science et de la pratique,* 1857. — *La médecine, son esprit et sa mission,* 1861. — *De l'esprit d'observation,* 1864.

science à l'instar des autres sciences naturelles physico-chimiques, et de la médecine un art, appuyé sur des données scientifiques positives. Dans une clinique, la scolastique et les discussions métaphysiques ne sauraient être que déplacées. Elles ne sont plus de notre temps, même dans l'enseignement purement théorique de la médecine. Que la philosophie discute sur l'essence de la vie, sur la nature de son principe, sur la cause première des phénomènes biologiques de la maladie et de la guérison, c'est son droit et sa mission. A un certain point de vue ces discussions offrent un vif intérêt et peuvent être nécessaires. Mais c'est à tort que l'on attacherait une grande importance à telle ou telle solution dogmatique de ces problèmes. Dans ma pensée, l'opinion que l'on pourra formuler ou adopter sur la nature de la cause première de la vie et de ses manifestations, ne pourra jamais servir directement et d'emblée de principe d'interprétation et de compréhension du mécanisme de la vie, des fonctions de l'organisme vivant, de ses maladies et de leur guérison. Elle ne le pourra pas plus que l'idée abstraite des forces, mises en jeu dans une machine à vapeur, ne permettrait à un physicien de comprendre d'emblée le jeu et le mécanisme d'une locomotive. Il faut pour cela en plus la connaissance approfondie de tous les organes de la machine, de leur rapport et de leur subordination. D'un autre côté, nul mécanicien ne saurait songer à réparer la machine sans en connaître la structure, le mécanisme interne et le mode d'altération qu'elle a subie. Sans discuter longuement sur la vie et son principe, il nous suffit de savoir que les manifestations de l'organisation vivante représentent un *ordre particulier* de phénomènes naturels, dont la modalité, les conditions de production et les lois font l'objet d'une étude spéciale. Cette étude, est-elle passible de la même méthode que celle appliquée avec tant de succès pour les autres sciences naturelles? Voilà toute la question. Si oui, acceptez la vie et ses manifestations dans l'organisme et par l'organisme comme un fait primordial *irréductible*, et mettez-vous à l'œuvre pour aborder l'étude de l'organisme vivant lui-même. Apprenez à connaître son mode particulier de création, de développement, d'existence et d'activité. La connaissance positive des conditions déterminantes des manifestations vitales physiologiques, pathologiques et thérapeutiques, la notion des lois qui président à leur développement, tel est le but que la science doit se proposer. Et comment atteindre ce but si ce n'est à l'aide d'une méthode rigoureuse d'analyse, d'observation et d'expérimentation? C'est, Dieu merci, ce que la science moderne a fait hardiment et franchement. Depuis qu'elle le fait, et là seulement où elle le fait, elle avance et se signale par une évolution vivante, par des progrès réels et durables. — Les pays, les écoles qui s'embourbent dans la vieille ornière des discussions scolastiques et ressassent des doctrines et des systèmes surannés, restent en dehors du mouvement et du progrès. Il en est des individus comme des écoles. Ne perdez donc pas votre temps à soulever, à discuter, à creuser des questions transcendantes le plus souvent insolubles. C'est le scalpel à la main, c'est à l'aide du microscope qu'il faut étudier l'organisation, la composition des appareils, la structure des tissus. C'est dans les cliniques, c'est dans les amphithéâtres, dans les laboratoires que s'accomplit la grande œuvre qui peu à peu dévoile les mystères de la vie normale et pathologique. C'est là qu'il vous faut apprendre à lire dans le grand livre de la nature. Or ce sont plus spécialement les pages qui concernent la vie pathologique, les conditions de production, l'évolution des maladies et les conditions de leur guérison que nous avons mission d'étudier en commun, dans le domaine de la clinique médicale qui nous est assigné. Je ne suis et ne veux être ici pour vous qu'un guide chargé de vous apprendre l'art d'observer, l'art de reconnaître et de guérir les maladies.

Notre enseignement a donc un double but : vous familiariser avec les idées scientifiques qui dirigent au lit du malade l'observation médicale ; vous rendre maîtres, par un exercice répété, de toutes les méthodes, de tous les procédés d'investigation, de tous les moyens de contrôle employés par l'observation et l'analyse clinique de l'organisme; en un mot, faire de vous des *observateurs*. Telle est la première partie de la tâche que je me suis imposée. Mais en même temps aussi, et c'est là la seconde, la principale partie de notre mission d'enseignement, je dois faire de vous des *praticiens*. Je dois vous mettre en mesure d'aborder et de résoudre les difficiles problèmes du diagnostic des maladies, de leur pronostic et de leur traitement. Chemin faisant nous tâcherons, autant qu'il est en nous, d'apporter notre contingent aux progrès de la science et de l'art de guérir.

Du point de vue du progrès scientifique, la clinique cependant, quelque riche et bien dotée qu'elle soit, n'est jamais qu'un champ d'observation et d'expérimentation restreint. Bien des questions scientifiques soulevées restent ici forcément sans solution, ou ne reçoivent pour réponse qu'une hypothèse. La nécroscopie, les recherches anatomopathologiques, aidées de tous les moyens accessoires d'analyse histologique ou chimique, ne peuvent pas toujours vérifier les idées que l'observation clinique fait éclore. Le complément nécessaire, indispensable aujourd'hui au progrès de la science, consiste dans les instituts, dans les laboratoires d'expérimentation biologique, largement dotés et pourvus de tous les moyens d'investigation nécessaires. Je voudrais pouvoir vous renvoyer à un laboratoire, à un institut de ce genre. Quant à vos questions, ou à celles que je pourrai moi-même formuler, je n'aurai pas de réponse positive à donner. Mais notre école, aussi bien que les autres Facultés, restent dépourvues de ce domaine d'investigation. C'est à regret que je signale une lacune, depuis longtemps comblée dans presque toutes les petites universités d'Allemagne[1].

Notre trop grande Université de France n'a jusqu'à présent qu'un seul institut spécial d'expérimentation biologique: celui du Collége de France. L'importance des travaux accomplis par l'initiative et sous l'habile direction de M. Claude Bernard, démontre l'utilité de ce genre de recherches et doit faire désirer leur extension, leur généralisation dans tous les grands centres d'enseignement médical.

Maintenant que vous êtes fixés sur l'esprit qui présidera à nos travaux communs, je veux aborder avec vous l'examen d'un principe que je considère comme fondamental:

---

[1] Le rapport du docteur Jaccoud revèle toute l'importance des services que rendent journellement à la science les instituts physiologiques de l'Allemagne.

celui de la fixité des lois qui régissent les phénomènes et les manifestations de l'organisation vivante.

Il serait puéril aujourd'hui de soulever et de discuter cette question de principe à propos de physique ou de chimie. Personne ne révoque et ne peut plus révoquer en doute la fixité, l'immutabilité des lois qui régissent cet ordre de phénomènes. Si la philosophie scientifique fait *a priori* de cette fixité la loi générale de toute science, la constitution positive des sciences physico-chimiques démontre *a posteriori* la vérité du principe.

En est-il de même des phénomènes de l'organisation vivante?

Si oui, la biologie est ou peut devenir une science et la médecine un art, s'appuyant sur des données scientifiques positives.

Si non, la biologie n'est pas une science et la médecine reste abandonnée à l'inspiration, à la fantaisie artistique, à la superstition ou au mysticisme.

L'empirisme lui-même devient impossible; car l'expérience brute et sans compréhensions suppose encore la constance des mêmes effets sous l'influence des mêmes causes, c'est-à-dire la fixité d'un rapport de causalité incompris dans son mécanisme de production.

De par le bon sens il semble donc que cette question de principe, nettement posée, ne puisse être résolue que par l'affirmative. Et cependant, si l'on n'y regarde pas de plus près, on se heurte bientôt à des opinions bien différentes. Il importe d'apprécier leur valeur.

Tout d'abord l'idée de certaines interventions occultes, mystérieuses ou surnaturelles, livrant les phénomènes organiques et vitaux à l'arbitraire, a toujours été et reste encore aujourd'hui très-généralement répandue. Elle n'a pas cessé d'être populaire dans le grand aussi bien que dans le petit monde.

La maladie, la souffrance et la mort sont inévitablement conçues par le sentiment humain général comme un *mal*. La santé et la guérison, au contraire, apparaissent comme un *bien*. L'esprit de causalité, loi de l'intelligence, cherche inévitablement aussi à ce mal ou à ce bien une *cause*. Quand cette cause est inconnue, quand aucune science positive, aucune recherche ne l'ont révélée, quand elle est occulte ou ignorée, libre carrière est donnée à l'imagination. Abandonnée sans guide, elle s'inspire des croyances populaires dominantes. Elle invoque dès lors comme cause les influences malignes ou bénignes dont elle a conçu l'idée. Ce sont les divinités, les démons, les mauvais et les bons génies, les agents et les puissances occultes de toute espèce que l'on a fait intervenir directement dans la production des maladies et de leur guérison. De là l'intrusion du mysticisme et du surnaturel dans le domaine des faits biologiques. L'histoire de la médecine a dû consacrer plus d'une page curieuse au mysticisme médical. Presque exclusif chez les peuples sauvages et primitifs, il s'est toujours maintenu et n'a pas encore disparu des croyances populaires. Il a revêtu toutes les formes. Depuis le sac à médecine, les incantations, les cérémonies et les contorsions bizarres de l'Indien d'Amérique, depuis la magie du Chaldéen jusqu'aux sophismes raffinés de certains philosophes dogmatisant en faveur de la possibilité ou des nécessités du surnaturel, et qui révoquent en doute la fixité des lois de la vie parce qu'un jardinier peut faire fleurir un arbre en hiver, ou transformer une plante à fleur simple en une à fleur double, en modifiant les conditions de la végétation[1].

Ce serait perdre notre temps que de vouloir réfuter longuement toutes les sottises enfantées par l'esprit humain en quête de la cause de phénomènes complexes qu'il voit et qu'il ne comprend pas, qu'il prétend expliquer cependant, sans même avoir cherché ou pu trouver leurs conditions naturelles de production. Mais ces aberrations prouvent bien, à notre avis, où l'on en arrive quand on méconnaît le principe même de la science, quand on substitue l'arbitraire des influences occultes aux lois éternelles fixes et immuables qui président à toutes les manifestations de l'organisation vivante.

C'est du progrès de l'instruction, de la diffusion même de l'esprit scientifique et de ses principes fondamentaux dans toutes les classes de la société, qu'il faut attendre le *fiat lux* dans les intelligences obscurcies et attardées. Quant à ceux

---

[1] Vitet, *La science et la foi* (*Revue des Deux-Mondes*).

qui nient la fixité des lois de la vie, parce qu'ils croient aux nécessités de l'intervention incessante du surnaturel, nous n'avons qu'un vœu à formuler : c'est qu'ils respectent le domaine de la science, comme nous respectons le domaine de leurs croyances. — A chacun son principe. — Si la théologie a besoin de croire à l'intervention incessante du surnaturel pour le salut de certains dogmes, la science a besoin de croire à la fixité des lois de la nature pour la continuation de ses recherches et pour le salut de son progrès. Certes, il est des problèmes qui s'imposent d'autorité à la conscience, au sentiment, à l'intelligence de tous les hommes, des problèmes redoutables qu'aucune science humaine ne peut et ne pourra jamais résoudre d'une manière positive. Le terrain où ces problèmes s'agitent, est réservé à la philosophie transcendante et aux croyances religieuses; il est inaccessible aux sciences naturelles. Leur intervention serait tout aussi inadmissible dans ce domaine que l'intrusion du mysticisme ou du dogmatisme théologique dans celui des sciences naturelles.

Le mysticisme substitue l'arbitraire d'une cause surnaturelle, placée en dehors de l'organisme, au principe de la fixité des lois inhérentes à l'organisation vivante. Il ignore ou bien il nie carrément le principe même de la science. Mais il est aussi des doctrines scientifiques et médicales qui, tout en acceptant le principe fondamental de la fixité des lois de la vie, ne tardent pas à retomber dans une espèce de mysticisme intra-organique, funeste aux recherches et au progrès même de la science.

Au lieu de tirer toutes les conséquences du principe même de la science, ces doctrines l'abandonnent trop tôt en faveur de la spontanéité et de l'arbitraire d'une espèce d'agent surnaturel intra-organique, à la fois créateur, régulateur et conservateur suprême de tous les actes, de toutes les manifestations de la vie.

L'origine spéciale, la génération, le mode de production, de développement, d'existence et de conservation des êtres organisés, la guérison spontanée des lésions et des maladies; l'individualité, l'unité, l'autonomie réalisée par la multiplicité concordante des organes et des fonctions, tous ces grands caractères généraux qui différencient si profondément un organisme vivant d'un corps brut, représentent aussi les lois générales de toute organisation. Ces lois sont d'une fixité immuable; l'idée de l'organisme vivant les implique, et sans elles aucun organisme ne peut être conçu. Ces lois spéciales et caractéristiques de la vie établissent aussi l'autonomie et la spécialité de la science biologique et de son principe.

Quelle est la cause première de ce mode particulier de création, de développement, d'existence, de conservation, de réparation autonome de l'être vivant? Impossible d'échapper en philosophie à cette question de causalité transcendante; impossible aussi de la résoudre autrement que par la conception, par l'idée d'une force d'un principe spécial inhérent au germe, au germe fécondé, présidant à son évolution, et, si je puis dire, à la création de l'organisme et à ses manifestations vitales irréductibles.

Comme conception philosophique, cette idée d'une cause première spéciale du microcosme organique est légitime. Elle est inévitable, elle s'impose à l'intelligence comme la dernière raison d'être d'un ordre particulier de corps, des corps organisés et vivants. — La science de la vie cesserait d'être une science spéciale et autonome du moment où elle prétendrait nier la spécialité de son propre principe. Aussi la force vitale, ou quel que soit le nom qu'on lui donne, en tant que cause première reste en dehors de toute discussion possible. Tout phénomène organique suppose en définitive la vie, et en dernière analyse il est vital. A ce point de vue tout médecin, tout physiologiste est et ne peut être que vitaliste.

Il n'en est plus de même quand cette cause première est conçue comme une espèce d'agent surnaturel indépendant de la matière organique, des organes et des fonctions, ou quand elle est comprise comme une force dont l'intervention spontanée *et directe* est incessamment nécessaire pour régler les fonctions de l'organisme développé, prévenir et réparer les désordres de la machine vivante.

Nous sommes ici en face d'une conception complétement analogue à celle qui s'impose inévitablement à l'intelligence quand il s'agit de l'univers. Là aussi il faut admettre une cause ou une force première créatrice et organisatrice du monde. On pourrait aussi faire intervenir cette conception dans le gouvernement direct de tous les phénomènes astronomiques, météorologiques, physiques ou chimiques qui se produisent dans la création. Si la force vitale jouait en réalité le rôle qu'on lui attribue, les manifestations de l'organisme vivant ne seraient plus des phénomènes naturels subordonnés à des conditions déterminantes nécessaires. La biologie aurait, de par le dogme vitaliste, un agent surnaturel intra-organique, que l'on pourrait invoquer et faire intervenir à propos de tous les phénomènes incompris. Avec un moyen si simple de résoudre toutes les questions, la curiosité serait éteinte et les recherches expérimentales arrêtées. — Je l'ai dit ailleurs : le Jupiter tonnant et la force vitale gouvernant l'organisme sont absolument de la même force scientifique.

Ce n'est pas parce que la doctrine des écoles dites *vitalistes* admet, comme cause première de la vie, une force spéciale, qu'il importe de s'affranchir de leur domination ; c'est parce que, dans l'interprétation des phénomènes organiques et des manifestations complexes de l'organisme vivant, elles substituent la cause première à la recherche des causes secondaires et réellement déterminantes qu'il faut s'en défier. Il faut s'en défier, parce. qu'elles substituent l'autonomie, la spontanéité d'un agent métaphysique intra-organique à la fixité des lois et des conditions physiques qui président aux manifestations de la matière organisée et vivante.

Indépendamment des lois générales de la vie, formulées déjà par le génie d'Hippocrate, et que les écoles vitalistes prétendent exclusivement maintenir, il existe, dans le détail du mécanisme organique, un enchaînement étiologique, un rapport de causalité nécessaire, qui subordonne chaque phénomène, chaque manifestation vitale à des conditions rigoureusement déterminées et déterminables. Sans doute, l'organisme forme un tout, une unité, une individualité, et la vie spéciale de chaque organe, les manifestations vitales de chaque tissu supposent la persistance du circulus vital et n'ont point d'existence indépendante. Mais il n'en est pas moins vrai qu'en dehors de cette condition première et générale il en existe d'autres non moins rigoureuses, qui subordonnent les manifestations spéciales à des conditions déterminantes spéciales. Tant que les conditions de production d'un phénomène sont ignorées faute d'analyse suffisante, on a pu le considérer comme un effet ou une manifestation immédiate de la nature de l'organisme vivant, de la force qui l'anime ou du principe vital lui-même. C'est ainsi que la sensibilité est une manifestation de la force vitale, en tant qu'elle suppose la vie de l'organisme avant tout, mais en réalité c'est une fonction très-complexe, qui ne se réalise que par un mécanisme organique admirablement disposé, une expansion périphérique d'une multitude de fibres nerveuses émergeant du tissu et réunies en cordons conducteurs aboutissant à des organes centraux composés de cellules spéciales. Telle est la condition anatomique du phénomène; pour qu'il se produise, il faut que la composition organique du tissu nerveux soit entretenue par une nutrition régulière; il faut que rien n'entrave la transmission et n'interrompe la conduction des fibres centripètes. Il faut de plus, pour que la sensibilité se manifeste, un excitant, une cause qui mette en jeu la propriété vitale du tissu nerveux. Il faut un changement de température, un agent physique ou chimique agissant sur les expansions périphériques ou sur le trajet des fibres sensitives.

Tout cela est très-rigoureusement déterminé et constitue dans son ensemble une série de lois spéciales, celles de l'innervation sensitive.

Dans la vie pathologique, même fixité dans les conditions nécessaires à la production des phénomènes.

Un excitant périphérique physique ou chimique trop énergique produit nécessairement le phénomène de la douleur. Une excitation périphérique sensitive, appliquée dans une certaine région, produira nécessairement des phénomènes sympathiques ou reflexes; selon la disposition du mécanisme préétabli, cela sera une contraction musculaire synergique : la toux, le vomissement, le ténesme. Est-ce la force vitale qui se charge directement de débarrasser l'organisme de l'excitant incommode et détermine la convulsion vomitive? Non; évidemment c'est en vertu d'un mécanisme préétabli que le phénomène se réalise et se produit nécessairement d'après une loi spéciale, celle que nous appelons, dans la vie nerveuse, le mécanisme et la loi des réflexes.

Il y a, dit admirablement M. Claude Bernard, il y a dans un phénomène vital, comme dans tout phénomène naturel, deux ordres de causes : d'abord une cause première, créatrice, législative et directrice de la vie et inaccessible à notre connaissance; ensuite une cause prochaine ou exécutive du phénomène vital, qui toujours est de nature physico-chimique et tombe dans le domaine de l'expérimentation. — La cause première de la vie donne l'évolution ou la création de la machine organisée; mais la machine, une fois créée, fonctionne en vertu des propriétés de ses éléments constituants et sous l'influence des conditions physico-chimiques qui agissent sur eux.

Pour le physiologiste et le médecin expérimentateur, l'organisme vivant n'est qu'une machine admirable, douée de propriétés merveilleuses, mise en action à l'aide des mécanismes les plus complexes et les plus délicats. C'est une machine dont ils doivent analyser et déterminer le mécanisme, afin de pouvoir le modifier, car la mort accidentelle n'est que la dislocation ou la destruction de l'organisme par suite de la rupture ou de la cessation d'action d'un ou de plusieurs de ces mécanismes vitaux [1].

En admettant que le mécanisme de la vie normale soit soumis à des conditions déterminées, et réglé par des lois rigoureuses, est-il bien certain qu'il en soit de même de la vie anormale, de la vie pathologique? L'état de maladie ne représente-t-il pas, au contraire, un état contre nature, un état de trouble et de désordre? Comment donc les maladies pourraient-elles être soumises aux mêmes lois que celles qui règlent la vie physiologique ou normale? N'y a-t-il pas là de contradiction? — Et de fait, n'y a-t-il pas dans les manifestations morbides et dans les conditions de la guérison des maladies une mobilité extrême qui échappe à toute détermination rigoureuse? Ces objections, que l'on entend formuler dans le monde et jusque dans le sanctuaire de l'enseignement médical, n'ont qu'une valeur apparente. Elles reposent sur des jeux de mots ou sur des malentendus.

En effet, de ce que l'organisme malade présente les ap-

---

[1] Claude Bernard, *Du progrès dans les sciences physiologiques* (*Revue des Deux-Mondes*, août 1865).

parences du trouble et du désordre, il ne s'ensuit pas que les maladies se produisent en dehors et contrairement aux lois de la vie. Les maladies sont, au contraire, des phénomènes naturels, prédéterminés par la nature même de l'organisation vivante et de ses conditions d'existence. La nature et les lois de l'organisme restent immuables; ce qui peut changer, ce sont les conditions de l'évolution organique et vivante.

Des conditions anormales peuvent être absolument ou relativement incompatibles avec la persistance de l'évolution régulière et typique. Dans le premier cas, elles produisent la mort instantanée. Dans le second cas, elles troublent et entravent la régularité typique du mécanisme organique. Mais ce trouble, en lui-même, n'a rien de contre nature, rien d'arbitraire, rien d'irrégulier, rien qui échappe à un *déterminisme*[1] rigoureux.

Nous ne le considérons comme irrégulier, anormal ou contre nature, qu'en raison de son opposition avec l'évolution typique que nous avons conçue et que nous désignons par la dénomination d'*état de santé*.

La santé, la maladie et la guérison sont également dans la nature de l'organisme vivant. Mais la prétention de comprendre la vie pathologique, le mécanisme des maladies et de leur guérison à l'aide de ce que nous pouvons avoir appris ou savoir sur le fonctionnement normal et ses lois, serait une grave erreur, une singulière méprise. La physiologie, qui s'occupe de l'organisation vivante envisagée au point de vue de son fonctionnement dans des conditions favorables ou adéquates à son évolution typique, ne peut pas avoir la prétention d'apprendre ce qu'elle n'a ni cherché ni étudié; elle ne peut pas deviner ni prédire ce que dicteront les lois de la vie, et ce que deviendra le mécanisme vivant soumis à des influences incompatibles avec une régularité typique. Mais de ce que la physiologie est impuissante à formuler d'avance les conditions, le mécanisme et les lois de la vie morbide, il serait absolument erroné de

---

[1] La dénomination de *déterminisme*, employé d'abord par M. Claude Bernard, nous semble devoir être acceptée par la science. Ce mot rend très-bien l'idée d'un rapport de causalité nécessaire.

conclure qu'à l'état de maladie tout est irrégulier, contre nature et sans lois.

La physiologie et la pathologie s'occupent également de l'organisation vivante; mais chacune de ces sciences l'étudie à un autre point de vue et dans des conditions différentes.

La physiologie est une branche de la biologie, la pathologie en est une autre. Prises isolément, l'une et l'autre ne livrent qu'une connaissance incomplète et fragmentaire de la vie. Mais par cela même qu'elles s'occupent de phénomènes de même nature et soumis aux mêmes lois primordiales, elles s'éclairent et se prêtent un secours mutuel. Chacune de ces sciences cependant a son domaine spécial d'observation et d'expérimentation.

La physiologie, utile et nécessaire à l'étude et aux progrès de la pathologie, ne livre pas pour cela les secrets de la vie évoluant dans des conditions anormales. Ces secrets ne peuvent être dévoilés que par des observations, des recherches, des expérimentations entreprises directement sur l'organisme placé dans des conditions ou sous des influences pathogéniques. Mais encore une fois, cela ne change en rien la nature et les lois de l'organisme vivant. L'étude des influences pathogéniques et de leurs effets apprend seulement à connaître la vie et ses manifestations sous une face nouvelle.

Les manifestations morbides ne se développent ni sans ordre ni en dehors de toute règle. L'observation clinique la plus superficielle révèle dans l'évolution des maladies une certaine constance d'apparition et de succession des phénomènes. Cette constance a permis de bonne heure à l'empirisme médical d'établir des types, des modalités, ou, comme l'on dit, des individualités morbides. Le simple fait de cette première ébauche scientifique, la possibilité de déterminer les maladies, démontre que la vie pathologique obéit à des règles, qu'elle est soumise à des lois.

Or ces règles et ces lois n'ont évidemment pas été créées au moment où l'organisme est soumis à des causes pathogéniques; elles sont et elles ne peuvent être que l'expression des propriétés et des lois préexistantes. L'influence pathogénique les met en évidence sous une forme nouvelle et différente. Les propriétés primordiales inhérentes au tissu ou aux cellules vivantes qui le constituent, ne changent pas quand un excitant anormal exerce sur elles son influence. Mais à la place des phénomènes d'une vie de nutrition régulière et typique, le stimulus exagéré va produire une évolution nutritive anormale. Les cellules prolifèrent, elles se multiplient, elles entrent dans une activité exagérée; le sang afflue; le tissu et l'organe se congestionnent, ils deviennent rouges et turgescents, plus riches en suc nutritif; la stase sanguine s'établit, des exsudats se produisent, la température augmente. Les nerfs sensitifs qui plongent dans le tissu enflammé sont impressionnés d'une manière anormale; mais ils transmettent cette impression en vertu des propriétés inhérentes à leur structure et à leur rôle fonctionnel préétablis. Les centres nerveux perçoivent cette impression sous forme de douleur. Le mécanisme et les lois qui établissent la solidarité entre les différentes parties constituantes de l'organisme, sont mis en jeu et se révèlent sous la forme nouvelle des sympathies morbides et des manifestations réflexes. Le désordre grandit et s'étend en vertu même du mécanisme et des lois qui établissent, à l'état normal, l'unité et la concordance fonctionnelle. Si l'organe, ainsi atteint dans sa vie de nutrition, remplit un rôle mécanique, si c'est par exemple une valvule du cœur qui se déforme, l'orifice, qu'elle devait fermer à chaque systole, restera entr'ouvert; le sang affluera du ventricule dans l'oreillette, ou de l'aorte dans le ventricule. De là toute une série de manifestations morbides consécutives. Excité à un fonctionnement exagéré, le cœur va s'hypertrophier; sa cavité, qui subit une pression anormale, se dilate. Entravée dans le cœur, la circulation générale deviendra difficile. Des congestions, des hyperhémies passives vont s'établir en arrière de l'obstacle dans le poumon; plus loin, dans le cœur droit, dans les veines, dans le foie. Une succession de manifestations morbides de plus en plus complexes va s'établir. Tout paraîtra désordre, disharmonie; tout semble interverti, contraire aux lois de la nature.

Et cependant tout cela ne se fait qu'en vertu même des lois du mécanisme organique préétabli. Tous ces phénomènes sont enchaînés, subordonnés les uns aux autres; tout est rigoureusement prédéterminé.

Il est évident aussi qu'une cause pathogénique, une condition anormale, en provoquant dans un tissu, dans un organe ou dans une fonction un désordre plus ou moins accentué et durable, ne détruit pas pour cela la loi du type primordial inhérent à chaque organe aussi bien qu'à l'organisme vivant tout entier. Cette loi se traduit par une tendance naturelle au retour vers l'évolution régulière et normale. Quand le stimulant anormal a cessé d'agir, quand son action s'est épuisée, quand il aura été neutralisé ou détruit, l'évolution anormale de nutrition, qui en est la conséquence, cesse de s'étendre. De ces milliers de cellules de nouvelle formation, les unes vont subir la transformation graisseuse : elles vont se dissoudre et disparaître ; d'autres vont se transformer en tissu de nouvelle formation : elles deviendront du tissu connectif plus stable et persistant. Dès lors l'afflux du sang cesse, les exsudats sont résorbés, la douleur disparaît, la nutrition régulière reprend son cours, la résolution est opérée. La guérison s'est établie ; elle s'est établie, non en vertu d'une force médicatrice spéciale ou nouvelle, mais en vertu même des propriétés et des lois qui président à l'activité fonctionnelle des cellules et des tissus vivants. L'évolution qui représente le mécanisme de la guérison varie à l'infini, selon le trouble ou le désordre qui s'est produit. Ce qui est mécanisme de guérison dans tel cas, devient condition de trouble persistant dans tel autre, ou même condition de mort.

Un hydrocèle guérit par des adhérences établies entre les deux feuillets de la tunique vaginale. Des adhérences analogues dans le péricarde entraînent une lésion persistante de la circulation.

Dans le mécanisme complexe de la vie il existe une foule de combinaisons possibles, en vertu desquelles le processus morbide peut suivre une évolution favorable, comme il en existe d'autres qui conduisent fatalement à la mort. Mais rien ne se fait et se produit au hasard, rien n'est soumis à l'arbitraire, pas plus l'arbitraire d'une force évoluant en faveur du salut de l'organisme qu'à l'arbitraire du hasard. Chaque phénomène est au contraire la conséquence rigoureuse des conditions déterminantes qui le précèdent, qui ont agi comme cause.

A mesure que la science progresse et se complète, les maladies apparaissent comme une succession d'effets et de causes reliés entre eux par des rapports étiologiques déterminants. Un rétrécissement de l'urèthre est donné, il a pour effet la difficulté de l'émission de l'urine. Le liquide excrémentitiel retenu produit la distension de la vessie ; des efforts répétés de contraction entraînent l'hypertrophie du tissu contractile. La vessie se modifie dans sa structure, elle devient vessie à colonnes. L'urine accumulée se décompose, elle devient irritante; la muqueuse s'enflamme, la cystite consécutive en est l'effet, et ainsi de proche en proche le désordre s'étend et grandit jusqu'à ce que la cause première soit modifiée par une opération chirurgicale, qui rétablit la condition première d'un fonctionnement plus régulier.

Que la science, dans son état actuel, ne peut pas démontrer, dans tous les cas de maladies, la subordination et l'enchaînement étiologique des manifestations morbides, cela ne prouve rien contre le principe que nous cherchons à mettre en évidence.

L'ordre, la régularité typique qui se manifeste dans la succession des phénomènes morbides, alors même qu'ils sont incompris dans leurs conditions de production, révèlent une loi de causalité intime qui les relie les uns aux autres. Nous ne savons encore que d'une manière insuffisante comment le miasme palustre produit les étranges manifestations d'une fièvre intermittente périodique; mais la succession régulière des symptômes démontre suffisamment qu'ils sont en réalité subordonnés les uns aux autres, et prédéterminés par des conditions nécessaires se rattachant, de chaînon en chaînon, à une cause première, l'infection miasmatique.

C'est à la fixité du type réalisé par l'organisme de l'homme, à la fixité des lois de sa vie et de ses rapports nécessaires ou accidentels avec des agents déterminés du monde extérieur, que l'empirisme nosologique lui-même doit le principe de son existence légitime. Les maladies, en effet, ne sont pas des êtres concrets analogues aux plantes ou aux animaux. Elles ne végètent pas, elles ne vivent pas sur l'organisme et aux dépens du corps humain. Mais le méca-

nisme vivant réalise des types d'évolutions morbides analogues sous l'influence de conditions pathogéniques analogues. A ces modalités morbides, désignées par des noms
propres, il est légitime de rattacher tout ce que l'empirisme
et l'observation apprennent successivement sur leurs causes,
sur leur forme, sur leur marche, sur leur pronostic et leur
traitement. Mais ce qu'il ne faut jamais oublier en médecine, c'est que l'empirisme nosologique n'est que la première ébauche de la science. La détermination des maladies
et le cadre nosologique n'ont rien d'immuable ; ils se mo-
difient incessamment et à mesure que nous pénétrons plus
en avant dans le mécanisme de la vie malade.

Les maladies développées sous l'influence des causes spé-
cifiques (causes déterminantes d'espèces morbides spéciales)
seules sont et restent rigoureusement spécifiées et constituent des types morbides invariablement déterminés. La
science possède un certain nombre de types morbides de ce
genre, les intoxications, les maladies contagieuses, infec-
tieuses, par exemple. Mais les autres, qui ne sont encore
spécifiées que par des symptômes ou par des lésions ou
par des caractères de phénoménalité, se décomposent incessamment ; car incessamment l'analyse scientifique révèle
des différences essentielles là où des apparences symptoma-
tiques analogues pouvaient faire croire prématurément à
l'identité. De là l'incertitude des principes et des données
fournis par l'empirisme nosologique ; de là tous les malentendus sur la possibilité de remédier à cette mobilité par
des procédés plus exacts, par la statistique, par le numé-
risme, comme si, par l'addition des unités d'espèces différentes, il était possible d'arriver à autre chose qu'à l'incertitude chiffrée. Ce n'est pas dans cette direction que le
progrès scientifique peut être réalisé. Il ne peut naître que
sous l'influence d'une analyse de plus en plus approfondie
du mécanisme de la vie morbide et de ses conditions, d'une
détermination de plus en plus rigoureuse des rapports étiologiques qui relient les différentes manifestations morbides
à leur vraie cause, à leur cause immédiate ou prochaine.

Une dernière source de malentendus, c'est la confusion
qui prend les données abstraites de la science biologique
ou de l'empirisme nosologique pour les appliquer d'emblée

en pratique au cas individuel. De toutes les lois de la vie, l'individualité de chaque organisme est une de celle que le médecin ne doit jamais perdre de vue. S'il existe des types morbides et des lois générales de mécanique vivante, chaque organisme les réalise à sa manière, selon sa constitution, son tempérament, son idiosyncrasie spéciale etc.

Il y a plus : la maladie comme la vie n'est qu'une incessante évolution ; à toute heure, à chaque instant, des influences spéciales peuvent intervenir et modifier les conditions de la marche ultérieure de la maladie. Une émotion morale, un écart de régime peuvent entraîner la mort au moment où toutes les conditions semblaient imprimer au flux phénoménal une direction favorable à la guérison. L'évolution incessante est aussi une des lois fondamentales de la vie. Mais la mobilité qu'elle produit dans les conditions déterminantes des phénomènes ne détruit pas la fixité des rapports, qui rattache l'effet à la cause, le phénomène à des conditions déterminantes d'une remarquable fixité.

Plus d'une fois, Messieurs, nos prévisions seront démenties, nos espérances au lit du malade déçues : nous pourrons en accuser notre propre faiblesse, les difficultés de l'art, les incertitudes de la science acquise ; mais nous maintiendrons toujours haut et ferme le principe même de la science, la fixité des lois de la vie.

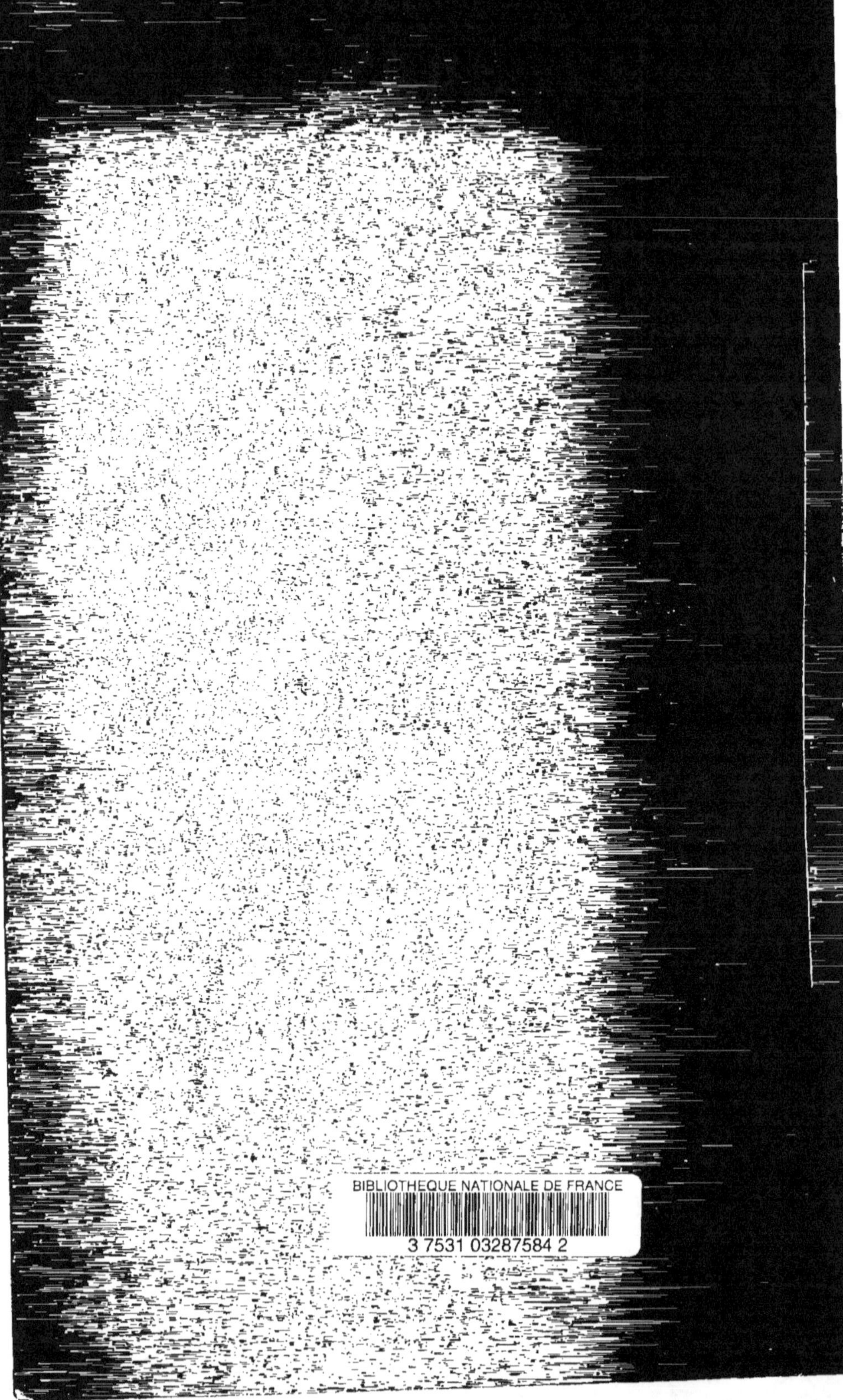